失明とがんをのり越えて―

愛犬「リキ」の、一生けんめい物語

藤澤武夫

白馬社

装丁　八木義博

病いと闘い、老いに従う。
生きることに命をかける「リキ」という名の柴犬。
ペットに精いっぱいの愛を注ぐ多くの飼い主さんへ――
わたしと妻から、この小著を捧げます。

目次

第1部　光を失い、光を取り戻す

第2部 泣いて、笑って、癒されて……

第1部　光を失い、光を取り戻す

初代と、二代目と

この話の主人公は、わが家の愛犬、柴犬の「リキ」である。「リキ」は、愛犬としては三代目であり、いずれも柴犬のオス。この話を書くにあたっては、前の二代も少しふれておく必要があると思った。

初代の柴犬は、近所のペットショップで買った。いまから30数年前にもなるが、娘ふたりは7才と4才、遊び盛りで子犬は遊び友だちである。わたしと妻もこどものころに犬を飼った経験があり、一戸建ての家を持てばぜひ犬をと、かねがね考えていた。したがって、いわば家族全員一致での買い物だった。

実は、犬を飼おうと決めた少し前から、そのペットショップにいる柴犬の一頭に目をつけていた。いろんな犬種数頭が、たたみ一畳くらいのケージに入れられていたと思うが、その中でひときわコロコロでやんちゃ、他の子犬を踏みつけて上にのるかと思えばころげ落ちる、とにかく活発な子だった。希望どおりに購入できた。名前は「力丸」とつけた。日本犬であり、小さくても凛々しい。われながらいい名前だと悦に入っていた。

その当時、ペットフードはほとんどなかったと思うが、エサといえば家族の残飯か、食パンの耳（パン屋さんで袋いっぱい無料か、せいぜい10円で手に入った）。「力丸」はとくにこの食パンの耳を好んだ。たまにチャム缶なるビーフの缶詰をご馳走として食べさせた。食欲も旺盛、暑い夏も雪がかなり積もった日でも家の軒下に鎖でつながれ、家族が交代で散歩に出かける。みんなにかわいがられて元気に成長した。何の問題もなかった。

ところが9才になった夏のおわり、突然食欲をなくした。それまでほとんどかかったことがない動物病院に行った。「フィラリアです。もう手遅れですね。」と。一瞬耳を疑った。何とも思いがけないことで、呆然自失したことを覚えている。そして数日後、妻と長女に看取られた（1989年9月4日）。

フィラリアは、もちろん当時からもっとも恐れられていた病気のひとつで、わが家もその予防薬をのませていた。ただ、いまと違って蚊がでる期間中（6～7カ月間）毎日のませる必要があった。いまから思えば、毎日のませていたはずだが、たまには忘れたことがあった。もっと早く気がついてやれば良かった。いまなら助かったはずと思ってもそれはあとの祭りだ。

9月のはじめ、妻は当時パートにでていたが、その日はなぜか胸騒ぎがして早退した。長女は高校生になっていたが、以心伝心なんだろうかやはり気になって早退してきた。そして妻と長女が揃った夕方、〝キャーン〟と何とも言えない断末魔のひと声を残して息を引きとったという。長女は、それでも妻が「もういいから……」と言っても涙ながらに心臓マッサージを続けたらしい。わたしはその日も遅くまで仕事であった。

二代目の話は、長女が高校での部活・バスケットボールをしていたが、「じん帯断裂」というスポーツ選手として一流、いや一人前の大けがをして入院手術。退院してからしばらく家で養生していたときのこと、「お母さん、また犬を飼ってほしい」のひとことで幕開けだ。

今度は、少しでもいい子犬を求めて家族で遠出した。しかし最初に訪ねたペットショップで決着がついた。まだ足にギブスをつけていた長女が、店に入るなり目があったという子に決まった。もちろん柴犬で男の子。「元気」と名づけた。「名は体を表す」というが文字通り元気、元気。先代同様にみるみる成長した。

以前のことがあるので、できるかぎりの病気予防は心がけた。これも期せずして「元気」9才の2月はじめ。わたしと妻は、休日を利用して長浜盆梅展を見るためドライブした。見事な盆梅を観賞し、記念に気にいった小さな盆梅の鉢植えを一鉢買い求めた。

わが家の玄関で、しばらくの間いい香りを放ってくれていたが、花もおわり庭の軒下に鉢を移した。そのとき、買った店でサービスにつけてくれた殺虫剤入りの固型肥料を鉢の上に置き、他の植木鉢が並ぶ台に置いておいた。

「元気」はふだん鎖につないでいるが、毎日一回庭で放して思い切り元気に走り回る時間をつくってていた。

3月末、その日も庭に放した後そろそろ鎖につなごうと、いつものように「元気」の名を呼んだ。だがいつもならすぐ走って戻るはずなのに来ない。どうした？　どこへ行った？　もちろんそんなに広い庭でもないのに見つからない。見つけた！　庭木の下に隠れていた。どうしたッ「元気」「元気」。アレッ、何か変、ゲロを吐いている。グッタリしている。アッ、もしかして、盆梅のあの肥料、たしかに置いた所にそれがない。日曜日だったが診てくれる動物病院に飛び込んだ。

事情を説明して胃の洗浄でもしてもらいたいと思ったが、先生は血液検査の結果、そんな毒物反応は出ていないと言う。「元気」も少しもち直したので一旦帰宅した。

しかしその夜、「元気」は七転八倒し娘ふたりは寝ずにつきそった。再び病院に駆け込んだ。そしてワラをもつかむ思いで入院させてもらった。あくる朝早く、無情の電話が鳴った（1999年3月30日）。

「元気」申しわけない。わたしが何気なく置いたあの肥料、不注意だった。悪かった。わたしの責任だと、自責の念にかられてその後を過ごした。

初代と二代目は、どちらも9才で亡くなり、それぞれ別のペット霊園で眠っている。が、遺骨の一部をわが家の庭の片隅、桜の木の下に「愛犬の碑」と書いていっしょに埋葬している。

盆梅の　季に愛犬を亡くしたる
詫び聞こえしか　千の風なら

愛犬の　命日近し　雛祭り

花ふぶき　愛犬の墓　埋もれおり

花びらの　濃いも薄いも風となり
わが愛犬の　墓を訪ねよ

初代と二代目のために……

三代目

三代目は、家族が希望に満ちたときにやってきた。長女が婚約し、わが家を建て替えようと決心したころにやってきた。今度は次女の願いだった

次女が大学卒業をまじかにひかえていたが、そのころも就職難でいわゆる就活に心身ともに疲れていた。そして長い冬をおえてようやく春めいて来たころ、なんとか就職が決まったのは良かったが、今度は慣れない仕事に体調を崩しかけた。そんな次女は、「元気」が亡くなってからまだ日があまり経っていなかったが、子犬に癒しを求めたのだ。そういうわたしも正直なところ、「元気」のいない毎朝の散歩が、実に手持ちぶさたでわびしかった。

家族4人が揃った休日、柴犬専門のブリーダーを尋ねた。お目当てのところには数頭の子犬がいた。さすがに見るからにいい子がいた。「ウチは2カ月を過ぎないと出さんよ。」

「まだそこまでいってないから、いまからなら予約してもろたら……」と、きわめて良心的だ。そのとおりだと思う。子犬は生まれて2カ月、あるいは3カ月は母親に育てられ、それから受け取るほうが子犬のためにもいい。それにしてもかなりの予算オーバーだったのでそこはあきらめた。

数日後、一軒のペットショップから電話があった。「かわいい柴が入ったから……」と、今度はわたしと妻、次女の3人で見に行った。店長が両手の中に入りそうな子犬を抱いてきて、次女の腕の中にあずけた。いかにも小さい、見るからにひ弱だ。聞けば生後49日だという。これはかわいそうだ。もう少し探そうとわたしは思った。

ところが、次女はその子犬を抱いたまま返そうとしなかった。そのまま家につれて帰ることになった。名前は、みんなで考え、悩んだ末に「リキ」に決めた。初代「力丸」も略称は「リキ」だった。

わたしが心配したことが現実になった。翌日「リキ」は血便を出した。その翌日も血便は止まらなかった。わたしは会社に行かなければならない。娘たちも仕事だ。残された妻は、近くの友だちに車を出してもらい近所の獣医さんを尋ねた。「ストレスだからすぐ直ります。」と薬も出してくれなかったと、妻は心配でたまらなかったらしい。

しかし、獣医さんが言ったとおり、「リキ」は数日で元気になった。ちょうどそのころ、血統書が届いた。犬名：「千丈丸号」生年月日：平成11年4月17日。大した本名だ。千丈丸こと「リキ」は、その後は順調に成長していった。次女も、「リキ」が家で帰りを待ってくれているのがよほどうれしかったのか、ルンルン気分で通勤しはじめた。わが家にきたころの「リキ」は〝たぬき顔〟に思えたが、成長するにつれ〝きつね顔〟になっていった。

いよいよわが家の建て替えで、その間近所に仮住まいをする借家に移った。「リキ」はその家の玄関で、昼は外に夜は中に犬小屋を置いて過ごした。

ある朝のこと、娘が「お父さん、えらいことや、リキがかじっている」と叫んだ。急いで行ってみると、玄関の上がりかまちと、そのそばの階段にかじった跡がある。「コラッ！　ここは借り家だぞ！」……と言っても「リキ」にわかるはずもない。幸い大したキズではなかったので、すぐに紙ペーパーと塗料でお化粧直しをして大事には至らなかった。

そう言えば、「リキ」は子犬のときから噛み癖があった。いまでもわが家の食卓テーブル（新婚時代に買った飛騨家具で結構年代物）と椅子の脚にはかじられた跡が残っている。

いまでも「ガリガリ」「ゴリゴリ」と聞こえてきそうだ。

「リキ」は、ペットショップで次女の腕の中に抱かれたそのときが、運命的な出会いだったのかも知れない。わが家にくることになってから、今度は次女を自分の仲間と思うようになったのではないだろうか。家族の中でも特別になついている。食事をつくり与えるのはもっぱら妻の役目だ。散歩につれ出すのはほとんどわたしの役目だ。それでも「リキ」は次女に接するときの尻尾の振り方がまったく違う、ちぎれんばかりに振るのだ。顔までなめにいくのは次女にだけだ。からだ全体を押しつけてじゃれ合う。

次女が夜、仕事がおわり駅から家へ歩いて帰る道では、靴音がわかるのではないかと思うのだが、わが家の玄関のチャイム、〝ピンポーン〟の音にたとえ眠っていてもはじかれたように跳び起きる。そして玄関へ一目散だ。次女の車のエンジン音がわかるのではと思うこともある。家の前でエンジンを切るが早いか門扉まで走って行くことがある。

そんな「リキ」と次女との間柄は、次女が一人住まいをはじめても、結婚して家を出ても続いている。たまに帰ってくると、跳びかからんばかりに歓迎する。老犬になったいまも、それは変わりがない。ただ、〝よっこらしょ〟と起き上がり、迎えに行くスピードだけはさすがに衰えたが。

〝ここへきて2週間だヨ〟……

飼い犬に噛まれる

建て替えた家が完成した。2階ベランダ下に広さ3畳足らずのウッドデッキを物干し場として作ったが、「リキ」はそこで2代目が使っていたお古のスチール製犬小屋を置いて飼うことにした。

ところが、「リキ」が入居拒否にでた。〝前の犬の匂いがしみ込んだ小屋に誰が入るもんか……〟とでも言っているようで、頑としては入らない。まったく見向きもしない。確かに嗅覚がひときわ敏感な犬のことだ無理もない。そこで、犬用の布製ベッドを買い犬小屋にかえて置くと、お気に召したかやっと入ってくれた。そして普段は鎖につなぐことはせず、自由気ままに庭を走り回われるようにした。散歩のときだけはリードにつなぐ。たぶん「リキ」にとれば理想的な環境になったと思う。

柴犬は飼い主には忠実だが、社交性はあまりない、と言われている。「リキ」は、まったくそのとおりで散歩のときにそれとはっきりわかった。他家の犬とよく出逢うが、ほとんどの犬に対し無視するか、中には突然に〝ワ・ワ・ワンワン……〟と、それこそケンカを売るかのように跳びかかることさえある。ただそれは相手がオスの場合が多く、メスにはめったにない。気に入った女の子なんだろうか〝クンクンクン〟とすり寄っていく。

さらに困ったことに「リキ」にはなぜか気にいらない、天敵とでも呼べる犬が数頭いる。おおむね小型犬だが、中でも「ミニチュア・シュナウザー」と「チワワ」だ。その犬の飼い主さんにはいつも申しわけないと思っているが、先方も負けじと〝ワワワ……〟とカン高い声を張り上げてくる。お互いさまか……。

それと犬は飼い主に似るともいうが、そういうわたしも決して社交性がある方ではない。妻にはよく「もう少し愛想よくして」と若いころには言われたものだ。それと発見したことだが、天敵のシュナウザーの飼い主さんがその犬とそっくりの顔をしているのだ。「リキ」はまた小さな子どもが嫌い、というか苦手だ。キャーキャーとうるさいし、うっとおしいのだと思う。しかし、わが家の孫だけは別らしい。それとも、仕方なくつきあってくれているのかも知れない。

近くに住んでいる孫たちが遊びに来たときのこと。わたしが下の子を抱き上げようとすると、「リキ」は足音を忍ばせてそっとわたしに近づき〝ウ・ウ・ウ～〟と威かくする。

さらに孫に手を伸ばそうものなら〝ガッー〟と噛みつきにくる。わたしの服、ズボン、そして手にまでいくつかの噛み跡ができる始末。妻や娘たちには絶対にそれがない。なぜかわたしにだけだ。もっとも本気噛みではなさそうで、それでも多少加減をしているつもりらしい。

上の孫にはわたしが近づいてもそれがない。どういうことだろう。〝小さな子はオレが守っているのだ〟ということだろうか。孫が小学校に上がるころになって、その行為はなくなった。もっとも「リキ」も結構老犬になって、穏やかになったのかも知れない。

そう言えば、こんなこともあった。妻がかぜか何かで寝込んだときのことだ。ベッドで横になっている妻に、薬やくだものを持って行こうと近づいたそのとき、いつの間にか「リキ」がベッドの横にきて、いまにも跳びかからんばかりに構えているのだ。そして当然、わたしに向かって「ウー」……。これはなぜだ。どうしたというのだ。まったくまいった。

そのとき「リキ」に守られた妻は、以来〝「リキ」が病気になったら、今度はわたしが守ってあげる……〟と。それがズ――と続いている。

ピーピーおもちゃ

「リキ」には、苦手と思えることがひとつある。自分ひとりでの留守番である。これでは犬本来の仕事である番犬の役目は果たせないのだが、それはこちらとしてもはなからあまり期待はしていない。

わたしと妻は、スーパーなどへ週一回くらいの割合で買い物に出かける。それも1～2時間のものだ。そのとき、いつも「リキ、お留守番頼むよ。」と言って出かける。すると「リキ」は何ともいえない表情をするのだ。たぶんそう見えるのだろうがひどく寂しそうな目つきになって、コソコソとお決まりの場所（リビングルームのソファの上、それも端っこ）に行く。そして車で出かけるのだが、そのときには外へ出て（アミ戸の端下に犬用出入口をつけている）、垣根越しに車を見送っている。

そのうえ困ったことに「ワン・ワン・ワン・ワン」とご近所に響き渡るような大声で吠

える。まるで「どこへ行くんや。いっしょにつれて行ってくれ」と言っているようだ。また帰ってきて車のエンジンを止めると、もう見送ってくれた場所にいる。その間、ずっとそこで待っていたのか、それとも一旦家に入ってソファにいたのかそれはわからない。帰ったときはもう吠えない。大きく尻尾を振っている。

この繰り返しでいつも後ろ髪を引かれる思いをするのだが、その後ろめたさを少しでも和らげるため、「リキ」にお土産を買って帰る習慣がいつの間にかついてしまった。もちろん大した物ではない。

いわゆる犬のおもちゃ〝ピーピー〟と音の出るゴム製のアレだ。多分多くの愛犬家のみなさんは一度や二度買った経験がおありだろう。「リキ」はあのおもちゃが大好きなのだ。もっともそれにたどりつくまでには、多くのおもちゃでそれなりに遊んだ。ゴムボール、木の玩具、ひもをぐるぐる巻きにしたもの、小さなぬいぐるみなどなど。それらとの違いは、どうやら音が出るかどうかからしい。

買い物を家に持って入るや否や矢の催促をする。そしてわれわれの手から奪うようにくわえるが早いか、〝ピーピー、ピーピー〟とそれはそれはうるさい。留守番のストレスを一気に発散しているのか、そして数分もその音が続くと突然に音がしなくなる。噛み破ってしまうのだ。しかも回を重ねる毎に、その時間が短くなっていった。ものによっては数秒で壊してしまう。それでも「リキ」は大得意で〝どや顔〟〝したり顔〟だ。

いつの間にかリビングの隅っこの「リキ」専用のおもちゃの籠の中は、壊れて鳴らなくなったピーピーおもちゃの山ができた。幸い1個200円か300円、ときにはお買い得品で100円のときもある。この山のようなおもちゃ、新しいものを買ってくると、いままであったものには見向きもしない。まだかすかに鳴るものも残っているのに、新しいものを集中的に攻撃するのが不思議だ。

このピーピーおもちゃが、あとで紹介するが、「リキ」にとって実に大事な、思わぬ効用を発揮することになる。

〝コレでストレス発散だ！〟……

「リキ」はこたつで丸くなる〜♪

わが家の冬は、リビングルームに不似合いではあるがこたつを出す。もっとも電熱の、中に出っ張りのある、赤外線の赤い光を放つアレではない。ホットカーペットの上に低いテーブルを置き、その上にこたつふとんを掛けている。

雪もシーズン中に2〜3回は降るし、それも30センチ近く積もることもある。近畿地方の北部に位置するのだが、冬の気候はほとんど北陸だと思う。とにかく寒い日が続く。そんなときはエアコンもあまり温まらない。ガスヒーターがもっとも暖かいと聞いて、わが家は最初からそれにした。しかし、妻と娘たちはそれでもこたつがないと寒さに耐えられないと言うのだ。

そんな真冬でも、わたしは「犬は外で飼うもの」と思っていた。初代も二代目も、当然のように家の外にいた。「リキ」も基本的に外飼い、庭飼いだった。

が、リビングに隣接するウッドデッキの、それもいちばん室内に近い場所に「リキ」用ベッドを置いたため、寒さのひどいときは妻と娘たちが昼でも夜でも何度となくウチの中に入れた。そしていつの間にか室内飼い、いわゆる〝おウチ犬〟になった。

そんな「リキ」はこたつ大好きになってしまった。こたつを出したその日から〝いの一番〟と言うか〝いぬが一番〟にもぐり込むようになった。幸い先に書いたように、そのこたつの中はがらんどうである。いつも中で〝ゴロ〜ン〟と手足を伸ばして、実に気持良さそうに眠り込む。これではあの童謡「雪やこんこ」の、〝犬は喜び　庭かけ回り、猫はこたつで丸くなる♪……〟は間違いではないのか。いや、雪が積もった日、たまにそれも申しわけ程度に外に出ることはある。その証拠を写真で紹介しておきたい。

寒さに弱いのかと思っていた。毛皮をいつもまとっているのだから寒くないと思っていた。ところがどうして、夏のエアコン漬けも好きなのだ。ここ数年の猛暑は、妻は朝からエアコンを入れないと体が持たないと言う。昨今の節電ブームはいいことだとわたしは思うが、妻と「リキ」には結構迷惑なことらしい。真夏日、猛暑日が続くと、エアコンを効かせての昼寝が習慣になっている。妻と「リキ」がだ。妻はソファで、「リキ」はもうひとつのソファの指定席で、2時間ばかり眠っている。ほとんど同じ格好で眠っている。

愛犬と　炬燵で昼寝　孫のように
降り止まぬ　雪に愛犬　ふて寝かな

〝冬はコレに限るナア〟……

33 「リキ」はこたつで丸くなる〜♪

愛犬の　笑顔を見たり　雪遊び

手を合わす　「元気」の命日　なごり雪

〝コッチが本来の姿だヨ〟……

年賀状

平成18年（2006年）犬年。わが家の年賀状はいつもパターンが決まっている。家族の近況報告をするのだが、その年「リキ」の写真を使った。

『「新年あけましておめでとうございます。今年も近況のご報告で、日頃のご無沙汰をお許しください。■私；昨夏、九州の名川・宮崎一ツ瀬川に釣行。思い掛けない釣果とゴミのない清流&川原に感動、地元の人が守っている姿にワンダフル！●妻・敏江；亭主在宅ストレス症候群と夏バテに悩まされるも、秋には長女に2人目の男児誕生。もっぱら2人の孫の子守役でてんやワンや。▼愛犬リキ；柴犬6才。ついに1日の半分は室内に、3歳の孫と家中を走り回ってまさに犬騒……と、まあ元気で平和な新年を迎えました。本年も宜しくご指導ください。2006年元旦」』

全文をご紹介した失礼をお許しください。「リキ」は完全に家族の一員であり、ペット以上、夫婦と犬1匹でまさにおだやかな日々を過ごしている。

全盛期、絶好調、凛々しい「リキ」の姿にほれぼれして自慢げに写真を使ったのを覚えている。だがこのとき、実は1才半からだがすでに心臓病をわずらい、薬なしでは送れない毎日だった。以来ず〜っとだ。庭を走った後に、なぜか咳き込んだ。人間でもそうだが、入れ込み過ぎてよくあることだ。当初はそう思ってあまり気にもかけなかった。そうこうしているうちに、突然「キャーン」とひと声あげてふさぎ込む。またあるときは、落着きをなくしてウロウロと歩き回る。これはおかしい、変だ。わたしも妻も、ひょっとして「リキ」は心臓が悪いのでは……と疑った。

動物病院を尋ねた。「僧帽弁（そうぼうべん）不全の疑い」と告げられた。聴診器を当てると胸から雑音が聞こえると。先の症状がたまに出る以外は何の異常もなく過ごしているが、しかしことは心臓だ。命に関わる。それからは、出された治療薬を朝晩、ペットフードに混ぜて与えている。妻にとっては何より大切な習慣となった。そのときから「リキ」は心臓病が、持病になった。

その後、忘れたころに発作を起こすことがあったので、ニトロ系の薬も常用していた。薬の効果だろう、もう何年もほとんどその症状が出ることなく暮らしている。ただ、困ったことに「リキ」をひとりにして長時間出掛けたり、誰かに預けて旅行などは、妻が心配して出来なくなってしまった。〃もし、われわれがいないときに、心臓が止まったらどうするの……〃と。

何よりも　愛犬《いぬ》の健康　願う初春《はる》

新年あけまして
おめでとうございます。

今年も近況のご報告で、日頃のご無沙汰をお許しください。

■私；昨夏、九州の名川・宮崎一ツ瀬川に鮎釣行。思い掛けない釣果とゴミのない清流＆川原に感動、地元の人が守っている姿にワンダフル！●妻・敏江；亭主在宅ストレス症候群と夏バテに悩まされるも、秋には長女に2人目の男児誕生。もっぱら2人の孫の子守役でてんやワンや。▼愛犬リキ；柴犬6歳。ついに１日の半分は室内に、3歳の孫と家中を走り回ってまさに犬騒…と、まあ元気で平和な新年を迎えました。本年も宜しくご指導ください。

2006年1月元旦

〃年賀状になったゾ〃……

若年性白内障

「お父さん、リキの左目、白く濁ってるように思えるけど……」ある朝、妻のそのひと言から心配事ははじまった。たしかに左の眼球、黒目のまわりにうっすらと白い膜状のものがかかっているように見える。

休日を待ちかねて、かかりつけの動物病院を訪ねた。「白内障ですわ。若年性の白内障やね」、獣医の先生の診断だった。「けど、仮に見えなくなっても犬はすぐ慣れて、ふだんどおりの生活はできますよ」とつけ加えられた。

わたしと妻の不安はいっそうふくらんだ。そのとき「リキ」6才半。若年性白内障は5~6才から発症すると言われているそうだが、6才を過ぎた「リキ」は発症してもおかしくはない。左目の白い濁りはその後、ますます進行していくように思えた。濁りが出た目をこすったり、眼ヤニが出ることもあった。それでも先生は「この病気は手の打ちようがない。しかし慣れれば耳と鼻でおぎなえる。両方見えなくなっても大丈夫ですよ」。わたしと妻は思わず顔を見合わせた。

6カ月たった、白内障が突然進行しだした。それも両眼だ。「リキ」は急に光を失いかけているからだろうか、うろたえる。パニック状態になる。散歩でも歩道をはずしたり、溝に落ちたりした。いままでにはなかったことだ。これはもう失明状態ではないのか。「リキ」はまだ7才になったばかりだ。2~3年で完全に白濁するという。かなり先とはいえ、このまま失明を待ち、そのまま生きていくなんて考えられない。簡単に片づける獣医さんの考え方と、われわれの考え方は違う。

妻は犬友だちにかたっぱしから聞いて回った。「どこか、なんとかしてくれる獣医さんを知りませんか」。すると、あのI先生なら……と、いう答えが複数返ってきた。三駅離れたところ、車で20分足らずのI動物病院。すぐ訪ねた。駐車場は満車、待合室も混んでいる。やはり人気があるのだ。

I先生は実にやさしい対応をしてくれる獣医さんだった。まず「心臓はそんなに悪くはない、不整脈も大したことはない。いまのんでいる薬をしばらく続ければ……」と。

そして問題は白内障だ。「眼圧はそれほど高くはない。まだ見えていると思いますが、手術すれば回復すると思いますよ」。その日はほんの少しではあったがホッとし、妻はいつもの心配し過ぎから解放されたようでもあった。

それからしばらくして、「リキ」の眼は充血したり深刻度を増した。先日はじめて診てもらって以来、かかりつけになったI先生は、「眼に炎症も起こしていますね。わたしは眼の手術はできませんが、眼科の専門医を紹介します」。

妻と娘は落ち込んでいるし、光を失った「リキ」もすっかり元気をなくしている。手術をしてもらい、もう一度なんとか見えるようにしてやりたい。セカンド・オピニョンとしてもふたつの病院を紹介された。

さっそく、そのひとつを訪ねた。兵庫県芦屋市のペット眼科医さん。さすがにいままで見たことがない色んな器具を使い診察してもらった。結論として「手術はできますよ。ただ術後1週間の入院が必要だけど、この子はケージ生活がちょっと耐えられないでしょ。」と。診察台であばれて手におえなかった「リキ」を押さえつけながら先生の答えだった。

たしかに、それには事情があった。「リキ」はふだん、鎖につながれることなく庭を走り回っている。さらに子犬のころから抱かれることはもちろん、家族にでも触られることすら嫌うのだ。狭いケージの中で1週間も閉じ込められるのは、とても無理に思えた。

今度こそと、ふたつ目を訪ねた。今度は大阪市内の玉造だ。高速道路をのり継いでわが家から2時間足らず。そこは主に難病を受け入れる、紹介状も必要な、高度二次診療をうたうN動物病院だ。ペット専門とはいえ大学病院とでもいう感じか、MRIも、CTも備わっているのだ。担当は眼科専門の女医K先生。手術前に1日、術後に3日の入院が必要だと言われた。ただその間、飼い主は毎日通ってきて、状況を確認してもいいと。

「大丈夫ですよ。手術すれば見えるようになると思います。ただ、全身麻酔をしますけど、この子は心臓に持病があるから片方の眼だけやりましょう。その方がこの子の負担が少なくてすむから」。

手術代はかなりの金額だった。両眼とも手術すると、2倍ではないけれど1・5倍くらいになる。お金はいくらかかってもいいとはもちろん言えないが、できるだけのことはしてやりたいと、わたしも妻もそう考えていた。

先日から発症していた眼の炎症は、I病院にかかり、1週間の点眼薬で治まった。ところで「リキ」はこの点眼薬、つまり目薬を両眼にさすことをまったく嫌がらなかった。ひどく嫌がってとても目薬などさせない、と困っている飼い主さんも多いと聞くが、これには助かった。これからどれだけ長期間目薬を使うことか……わたしでも妻でも、実に素直に点眼させるのだ。

手術することを前提に、くわしい検査をたっぷり1時間強受けた。手術可能、そして手術日が決定、その3日後に退院予定。まずは第一関門のクリアだ。

ここ数回、眼科医さんを訪ねてかなり長距離ドライブを「リキ」をのせて走ったが、「リキ」は車の後部座席で何事もなかったかのようにのっていた。ほとんど失明状態だったからかも知れない。というのも「リキ」は子犬時代、車にのせるとすぐに〝あくび〟をくり返して車酔い状態によくなったのだ。近所の動物病院へ、ほんの5~10分のドライブが限度だった。

それがどうしたことだろう、成犬になって車に酔わなくなったのだろうか。往復約170キロ、3時間強をドライブするのが、意外に快適だったのだろうか。後部座席で妻か次女といっしょに座り、まるでドライブを楽しんでいるかのようにおとなしい。安心し切って眠り込んでいるときもある。

そんなときわたしは、「リキ」にはもっと楽しい車の思い出をつくってやるのだったと後悔した。車で10分たらずには琵琶湖がある。浜辺へ行っていっしょに遊んでやれば……

車で5分も行けば大きな運動公園だってあるのに……。

子犬のころ、車で出かけるといえばいつも予防注射など痛い思い出しかないのだ。車で出かけるのは、つらい経験しかなかったのだ。

さて、われに返って、もっぱら〝アッシー君〟をつとめたわたしは、毎回かなり疲労困ぱいしていた。

「リキ」は車にのることが、あまり好きでないのは先に書いた。洋犬は案外平気だが、日本犬は比較的嫌がる、という話を聞いたこともある。その説にしたがえば、「リキ」の場合、柴犬だから車には本質的に弱いのだろうか。やはり〝慣れ〟とか、〝いい思い出〟づくりとか、もうひとつ〝おやつ〟が効くことがわかった。

大阪への通院のとき、処置をおえるとかならず〝リキよ、ようがんばったなぁ〟と、持って行ったジャーキーのごほうびを与えていたのだ。それを待っていたかのようにガツガツと食べる。これがあるから、おとなしく車にのっているのだろうか。そうだとしたら、やっぱりおまえも、ただの〝食いしん坊〟ということか……。

見えぬ愛犬《こ》に　アジサイの色　教えけり

眼の見えぬ　愛犬《いぬ》に寄り添い　梅雨半ば

手術、退院、そして通院

手術前日、入院の朝がやってきた。わたしと妻、そして「リキ」をいちばんかわいがっている次女もつきそうと。3人と「リキ」は車で出発した。阪神高速の大阪森の宮まで、多少の渋滞はあったが2時間かけて病院に着いた。手術前にまた先日同様の検査、問題なし、手術直前の網膜のチェックを残してそのまま入院となった。午前中にそこまでおわった。

もうエリザベス・カラー（キズや手術の後、なめたり噛んだりしないように首に巻く透明のプラスチック製のもの）をつけられる。もうケージに入れられた。「リキ」は、すっかり観念しているのかおとなしくしているではないか……。つきそってきた娘は、仕事があるのでそこで引き返した。わたしと妻は、近くのビジネスホテルを予約しておいた。それから明日の午後の手術まで、延々とまったく手持ち無沙汰の長い時間を、ふたりで過ごすことになった。まさか観光やショッピングをするわけにはいかない、映画に行くわけにもいかず、さあ困った……。

翌日、手術直前「リキ」が入れられたケージをのぞくと、はじめて見る姿だ。完全に観念している、なんと寂しげにしていることか、妻はもう涙だ。網膜チェックも異常なくクリア、15時過ぎ手術はおわった。無事に終了、予定通りうまくいったと先生から報告を受ける。すぐにケージの「リキ」をのぞくと、麻酔が残っているのでフラフラしている。

白内障の手術は、眼球内の白いベールをかぶったようになった水晶体を吸い出し、そこに人間でいうコンタクトレンズのようなもの、犬用のレンズを入れるのだという。それでほぼ一生大丈夫だとか。その日はそのまま帰宅した。そしてわが家に「リキ」のいない夜を過ごした。いやに静かで寂しい夜だった。

翌朝、開院を待って妻が電話した。「リキ」のその後はどうですか、フードは、薬は、ウンチはオシッコは……？　心配した通り吐いたと。だからフードも薬も受けつけないらしい。夜になってK先生から電話が入った。吐き気も治まりフードは少しだけ、薬ものんでくれたと。ヤレヤレ、家族3人本当にホッとした。いまは寝ているという。翌日も、そのまた翌日も問題なく経過した。

退院の日を迎えた。わたしはその前日から先日泊まったビジネスホテルで、寝れない夜を過ごしていた。朝いちばんに病院に行った。「リキ」がケージから出され、もう見えているのか散歩に行くのを離れて見た。なんとも殊勝な「リキ」よ。首はうなだれ気味で、ゆっくりと歩いている。芝生の上で突然思いっきり小便をした。おお、大丈夫なようだ。数日間、フードは食べずウンチはせず、いやはや神経質な「リキ」らしい。

妻と次女が電車で到着した。エリザベス・カラーをつけられて「リキ」が引き渡された。みんなでK先生の説明を受けた。手術も術後も順調に経過したこと。しかし、問題はこれからのケアであり、それは飼い主の責任であること。それが悪ければ手術も水の泡だと。充分にケアしたとしても「リキ」は片方の眼だけで暮らしていくことになる。まちがいなくこれからが大変だ、経過観察と同時に飼い主のいっそうのサポートが必要だということだ。

最初の1週間で眼のそばの抜糸ができた。眼圧は少し高い。エリザベス・カラーはもう1週間必要ありと。そしてやっとエリザベス・カラーをはずしてやる。これはさぞかしうっとうしかったことだろう。こちらもそれを見るだけで、肩に力が入ってしまっていた。

2週間に1回の割合で、術後の経過観察のため大阪・玉造までかよう。それが1カ月続いた。当初あった眼の充血も徐々にとれてきた。これでもう回復したかと思えたが、目薬が大変だった。朝、昼、晩と4種類を5分間隔でさしてやる。それが、日に2回になったのは1カ月後だった。また、眼の栄養にとサプリメントも同時にのんでいる。

「リキ」は次第に片方の目だけの生活になじんできたのか、その様子からかなり見えているように思う。病院へ行くと、まず涙の量が測られる。それから眼球をのぞいて水晶体に入ったレンズの様子を見たり、眼圧をチェックされたり……。術後の経過観察は、3カ月で終了した。

それにしても不思議に思ったのだが、N病院では診察台の上でほとんどあばれないのだ。まるで〝借りてきた猫〟いや〝借りてきた犬〟だ。実に素直に先生に眼を診てもらっている。いままでの病院ではことごとく大あばれして看護師さんに抱きかかえられ、ときには押さえ込まれるのに、なぜだ。

こちらは女医さんだからだろうか。たしかにいままではすべて男の先生、……いやそんなバカな。それともここでは眼だけの処置、注射などで痛い目にはあわない……そうだそれに違いない。他ではたしかに痛い処置を受けてきた。

実はここで威力を発揮したのが「リキ」の大好きな〝ピーピーおもちゃ〟だった。妻が診察時に「リキ」の気をそらせるために持ってきて、「リキ」の目の前で〝ピーピー〟やるのだ。それで「リキ」はそのおもちゃと音を必死で追い見つめる。とくに大きめのボールペンのような器具を、眼球に押し当てて眼圧を測るとき、威力を発揮する。K先生も「リキちゃん、かしこいね」と思わずにが笑いだ。

「リキ」は目に見えて元気になっていった。シャンプーもしてやれてすっきりした。失明前とほとんど変わらず庭を走っている。散歩のときも、もう溝に落ちたりしなくなった。ヤレヤレだ、ホッとした。手術をしてもらって本当に良かった。片方の眼だけとはいえ、明らかに見えるようになっている。I先生には、このN病院を紹介していただいたことをあらためて感謝したい。

そして1カ月に1回、それが3カ月に1回の検診になり、術後4年で6カ月に1回になった。そのころ、手術をしなかったもう一方の眼は、白内障がどんどん進み水晶体はやせてまったく見えない状態になっていた。

半年毎の検診を続けているとき、「リキ」はすっかりかかりつけになったI病院で、さらなる大病の宣告を受ける。N病院への何年目かで、もうここにくることもないだろうと、眼の検診では異常はないが本当にこれが最後かと、お世話になったK先生に挨拶をした。

それが〝「リキ」強し〟だ。またまた6カ月後も検診を受けるために、N病院へドライブしたのだ。

十五夜に　術後の愛犬《いぬ》と　二人きり

見えるよと　落葉蹴散らし　愛犬《いぬ》走る

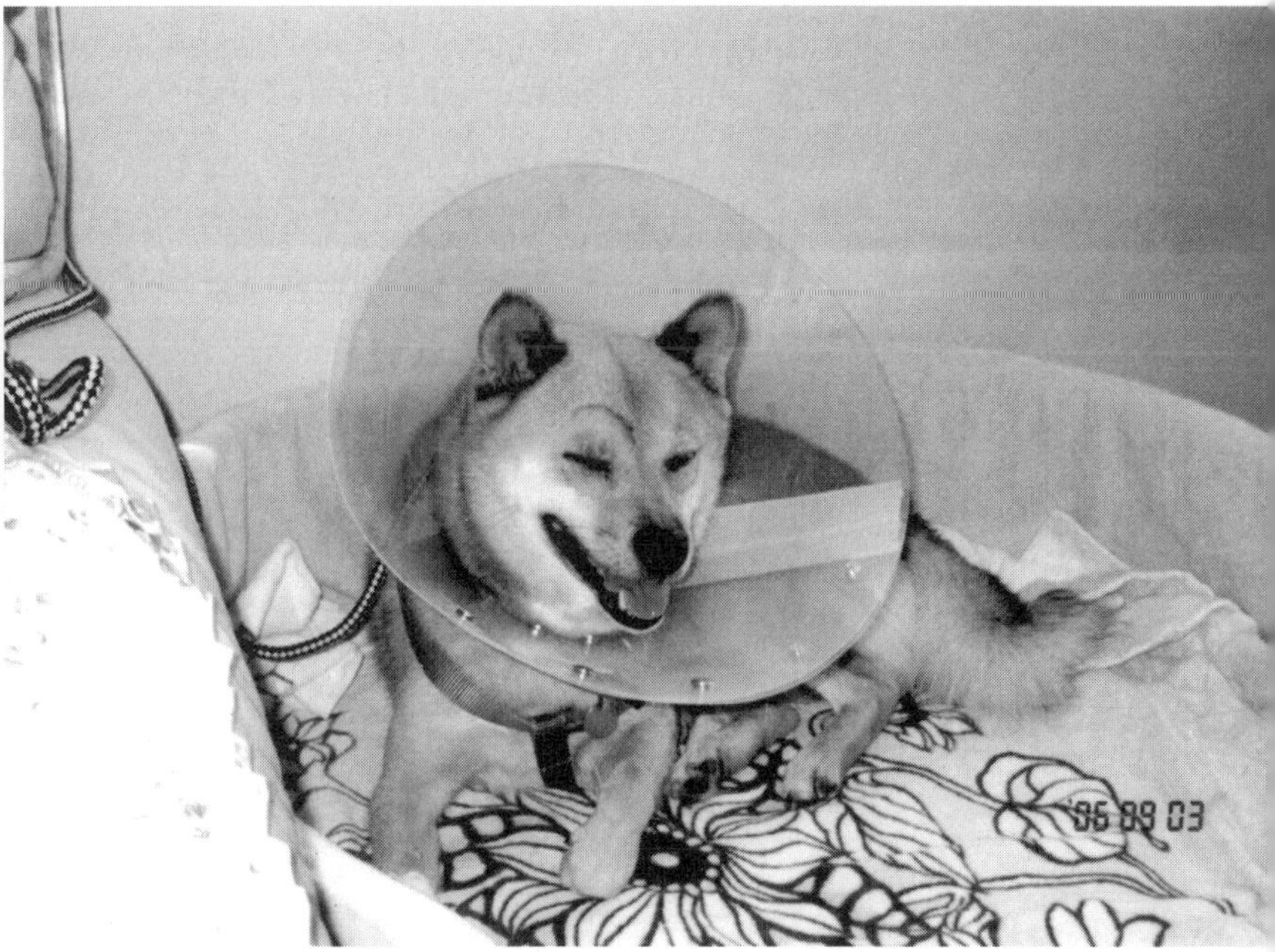

〝エリザベス・カラーって
うっとおしいなあ〟……

青春時代

いつの日からか、散歩の途中に突然コースを変えることがあった。アレ変だなとしばらくついて行くと、あるお宅の家の前に止まり、しきりにその門扉に鼻をつっ込み〝クンクン、ヒーヒー〟とやっている。どうした「リキ」？　はじめはわけがわからずとまどったが、やがてすぐに理由はわかった。ここには、「メイ」ちゃんと呼ばれて妻もよく知っているメスのミックス犬がいるのだ。

わが「リキ」は、えらくこの「メイ」ちゃんがお気にいりだ。「メイ」ちゃんはまっ白くてほっそりした美形。「リキ」が玄関先まで行くと、たまに近づいてきてくれることもある。しかし「リキ」の執心ぶりはすごく、毎日訪ねて行く。こちらもむげに止めるのもかわいそうと思い、引きずられるようについて行く。それが1週間以上つづくときがある。「リキ」の青春まっただ中というところだ。

「メイ」ちゃんは、「リキ」にとって初恋の人、いや犬だったと思うのだが、それからしばらくして病気のために急死した。

困ったことがあった。近所のメス犬たちと、「リキ」の発情期が重なると大変だった。その間「リキ」は食欲をなくす。ピタリとフードを食べなくなる。だから毎日のまなければならない薬がのませられない。2〜3日もそれがつづくと、心配症の妻はストレスがたまって機嫌が悪くなる。まったく何も食べなくなる日が、1週間から10日もつづくこともあった。当然やせてくる。なんとかせねばとこちらが振り回される。「リキ」は狂わんばかりに落ち着かない。だからこの時期はフードも、散歩も、なにもかもリズムが狂ってしまうのだ。

この時期は若いころのいわば特権でもあり、大いに楽しい時期、いやそれは人間の場合であって、犬たちには結構つらい期間ではないだろうか。必ずしも仕方がないだけではすまされないこともある。そんな時期は2週間くらいのサイクルで数年はつづいたと思う。

そんなこんなで「リキ」は去勢手術をした。I病院で実に簡単にできるものだった。飼い主がこんな苦労をするなら、もっと早くやっておけば良かったとつくづく思う。「リキ」もそれからは落着きをとりもどしていった。（メス犬も子犬を産ませないなら、ぜひ早目

に避妊手術を。オス犬の飼い主はこんなに苦労をするのだ。それぞれの手術は飼い主のエチケットでは）

そんな「リキ」にも、数少ないが友だち犬はいた。おとなりの犬だ。当時大人気でもあったシベリアン・ハスキーの「ジュリ」、白くて大きくて美しいメス犬だった。もう1頭アラスカ・マラミュートの「レナ」、こちらもメスでどちらも大型犬。だが、なぜか「リキ」は、「ジュリ」とだけ鼻を突き合わせていた。「レナ」に近づくと〝ワオーン〟と大音響が返ってきた。やはり相性というのか、好き嫌いがあるのだろうか。大型犬は寿命が短いというが、まだ6才で仲良しだった「ジュリ」は亡くなった。

そういえば思い出すのは、初代の「力丸」がある日脱走したことがあった。家族全員で心配して探したが見つからず、仕方なく帰ってくるのを待つことにした。あくる朝のことだ。「力丸」がのっそりと帰ってきた。悪びれることもなくだ。アレ？　その後にもう一頭ついてきているぞ……かわいい柴のメスだ。デートしてきたのか？　お泊りなのか？……わが家の「リキ」もやるもんだ。

ところで、この女の子、妻と娘たちが飼い主さんを探して近所を走り回った。やっとの思いでお返しできた、責任重大だ。

庭桜　われ関せずと　愛犬《いぬ》走る

桜咲き　今年は愛犬《「元気」》の　命日に

柴犬の　なんと桜の　似合いけり

〝6才の春だ！〟……

「リキ」・グッズ

近所にあるD・P・E（写真）屋さんで妻が見つけたのだが、ぜひ「リキ」にプレゼントしたいものがあると言いだした。それは、お気にいりの写真をクッションに転写できるというもの。赤ん坊やペットなどが、大小のクッションに大きくプリントされたサンプルが〝世界にひとつしかないオリジナル・クッション〟というキャッチコピーとともに店先に並んでいた。

なるほどこれは考えられるが、ここまでくれば〝親ばか〟ならぬ〝ペットばか〟、溺愛ぶりもかなりの重症だ。それならちょうどいい写真はある。アレだ、年賀状に使った「リキ」の勇姿だ。

さっそく作ってもらうことにした。それも2個注文、「リキ」をかわいがってくれる孫たちに1個プレゼント、わが家に1個。いまでは使い込まれてかなり薄汚れたが、クッションになった「リキ」がソファにいつも鎮座している。

また妻が別のD・P・E屋さんで見つけてきたものがある。マグカップにやはりお好みの写真を転写できるというもの。先のクッションとおなじ要領だ。クッションもマグカップも、そんなに高価なものではなかったのでまあいいが、妻の溺愛ぶりの症状はいよいよ進行しているのはまちがいない。

今度の写真は比較的新しいものだが、それも後で紹介するが「リキ」にとって記念の1枚だ。出来上がったカップで、妻は毎朝コーヒーを飲むのかと思っていたら、違った。使うことなく食器棚のいつも見えるところに鎮座している。

妻の溺愛ぶりばかり目についたが、考えてみればわたしのケータイの待ち受け画面には、「リキ」が大きな瞳でこちらを見つめている。それから、この原稿を書いているパソコンのディスプレーにも「リキ」が、〝仕事はかどっているかな〟と言わんばかりに、ジーッと見守っている。

〝世界にひとつしか
ないって〟……

体内時計

「リキ」が外飼いから内飼い、つまりおウチ犬になったからかも知れない。また、大きな病気を繰り返すので、つい甘くなってそばにおいてやるようになったからかも知れない。犬は嗅覚など人の何千倍も優れているとか、五感がきわめて発達しているというのはよく知られているが、体内時計というか生活のリズムが実に正確なのがわかった。また、より正確にしてやれば、それが長生きに結びつくのではないかとも思われた。

「リキ」の1日を紹介してみよう。朝ムックと起き上がり、ムーンと伸びをするのが6時過ぎである。それがかなり正確だからわが家には目覚まし時計はいらない。春から夏にかけては、わたしも同時に起きてすぐに散歩に出かける。秋から冬にかけては辺りがまだ暗いこともあってか、それが7時ごろになる。

「リキ」は、散歩の前に妻の用意した朝食を食べる。それは薬をのませるためのもので、ひと握りほどのフードだ。薬がたくさん入っているが「リキ」が一気に食べてくれれば〝今日も元気だ、フードがうまそう〟（かつての日本たばこ公社の名スローガン〝きょうも元気だ、たばこがうまい。〟をもじったつもり）と、わたしも妻も胸をなでおろす。まさに健康のバロメーターになっている。

散歩はわたしの役目である。リードをつけて、獣医さんから貰った小さなトートバッグを持って行く。その中身は、ウンチを取るための古新聞とビニール袋、小さなショベル、ティッシュペーパー、軍手、それに水を入れたペットボトル（小便した後に振り掛ける）が入っている。いわば散歩のための〝七つ道具〟だ。散歩コースは、若いころと老犬になってからは少し違うが、ほとんど同じで変えることはない。時間は30分程である。

わたしと妻の朝食では、妻はいつもパン、わたしは和食とパンがほぼ一日置き。パンはトーストするので匂いでわかるのか、「リキ」はおすそわけをねだりにくる。わたしの和食のときはまったくこない。パンをねだられるとわたしも妻も、つい耳を与えてしまう。それが終わると数時間、庭に出たり家に入ったりまったく気ままに過ごしている。11時を回るころ、わたしのそばに寄ってきてジーッと見つめている。昼食のさい促だ。この時間もまことに正確で、わたしがうっかり忘れていても「リキ」が忘れることはまずない。

昼はスティックパンを1個与える。これはもちろん人用のものでおいしい。「リキ」はこのパンが大好きだ。わたしの手から引きちぎるように食べてしまう。小さな1個だがそれ以上はさい促しない。われわれの昼食がおわると、妻と「リキ」は昼寝タイムに入る。約2時間グッスリと寝ている。

15時、オヤツだ。いつもビスケット1枚を必ず貰いにくる。そして16時半、この時間も実に見事にわたしのそばにあらわれる。こちらがテレビを視てくつろいでいたり、夕刊を読んでいる時間だ。ツンツンとわたしの足や新聞をつついたりする。「まだ早い、もう少し待って！」と一喝すると、スゴスゴと離れてソファのお決まりの場所に戻る。

夏場はまだ暑い、道のアスファルトもやけているので18時ごろに、冬場は辺りが暗くなるので17時ごろ、散歩に出る。実はこの1時間から2時間の間に、2〜3回はさい促をくり返している。朝のコースとまったく同じ、いつものコースをいつものように、結構速いペースで歩く。その間に妻が夕食を作っておく。〃おから〃に鶏のササミまたは赤身の魚を日替わりにして、フードを混ぜた特製のもの（のちほど、その効用に触れる）だ。

わたしと妻の夕食時間、「リキ」は決まって食卓テーブルの下に潜り込む。そこでおとなしくわれわれが食べおわるのを待っている。このテーブルは、先にも触れたが子犬時代にかじった跡があるものだ。ひたすらおとなしくおわるのを待っているのは、妻からジャーキーのごほうびが貰えるからだ。

それから数時間はウツラウツラと時間を過ごしている。22時、妻がリビングの隅っこ、いつも決まった場所に「リキ」の専用ベッドを用意する。後はそれぞれに時間を過ごすことになるのだが、「リキ」はそのころほとんど眠っている。

犬というのは、1日のうち、そのほとんどをウツラウツラ眠っていることもわかった。そして朝までの間に、2~3度は小便をするために、専用の出入り口から出入りをしているようだ。暗い中を眼が見えないのに、正確に出て行き戻ってくる。えらいものだと感心する。

これが「リキ」の1日であり、毎日ほとんど変わることはない。その時間の正確さには驚くばかりである。

いよいよ老境に入ってきた最近、早朝4時半とか5時半とか、突然吐くことがある。胃の中は空っぽだから、吐くものはアワ状のたぶん胃液だろう。先生に相談すると「老齢化によって胃液のコントロールがうまくできなくなり、吐くのでしょう。寝るまえに、かるく何か食べさせたら」と。さっそくやってみた。効果ありだ。「リキ」の大好きなスティックパン半分に、吐き気止めを混ぜて食べさせてからは、吐くのがかなり治まった。いやはや、齢とともにいろいろな症状が加わってくる。わが身もおなじことだが……。

この生活のリズムは、もちろん子犬のころから少しづつ固まっていったものだろう。妻はほとんど専業主婦であったたし、妻と「リキ」との二人三脚できづいたものだろう。わたしがこのあまりにも決まった「リキ」の体内時計、生活リズムに気づいたのはここ数年のことだ。

ほぼ35年間サラリーマン生活を送り、60歳で定年退職。その間、わたしと「リキ」の関係は、妻と「リキ」の何分の一だったかと思う。会社を退職後、誘われて10年間数校の大学で講師を務めた。それは週に3日間の出講だったので残りの日はほとんど家におり、「リキ」のそばにいる時間が一気に増えたからである。それからというもの「リキ」はわたしについて回っている、〝ひっつき虫〟ならぬ〝ひっつき犬〟になった。

最近では、「リキ」の指定席であるソファにわたしが座っていると、左端は「リキ」で右端にわたしがいつも座るのだが、そこにいるとよく跳びのってくる。そしてわたしとソファの間に力まかせに鼻を突っ込んできて、まるで〝どけどけ、ここはオレの席だ〟とでも言わんばかりなのだ。この行動は一体どういうことだろう、いまだによくわからない。

陽だまりを　探して愛犬《いぬ》の　昼寝かな

病い持ち　愛犬《いぬ》の春は　遠かりき

〝ZZZ……
ムニャムニャ〟……

第2部　泣いて、笑って、癒されて……

がん宣告

「リキ」も12才を過ぎ、白内障の手術をしてから5年になったころ。こころなしか年齢を感じさせることもあった。梅雨まっ最中、「リキ」のブラッシングをしていた妻が発見した。「リキの首にグリグリがある……」と。嫌な予感がした。

白内障以来すっかりお世話になっているI先生にすぐ診てもらう。「リンパ腫ですね。1週間抗生物質をのんで腫れものが小さくなれば良性。変わらなければ細胞診をしましょう」。その診断に落ち込んだ妻は、最悪を考えて帰ってからすぐ、ひとりの友だちに電話した。そこで飼われていて亡くなったゴールデン・レトリバーがそれだったからだ。詳しく聞くとまったく同じ症状だったという。

1週間はまたたく間に過ぎた。「リキ」の首下にある腫れは、そのままだった。今度は血液と細胞が採取された。その結果は3日後だという。結果が出てからこれからの対策は考えましょうと先生。妻はもう涙にくれていた。3日後の朝一番に妻はI病院に電話した。一縷の望みは絶たれた。細胞診の結果は悪性。電話口の妻は、覚悟を決めていたらしく落ち着いて先生の話を聞いていた。

その日の夕方、そのころひとりでマンション暮らしをしていた次女も仕事をおえて合流した。夜の診察時間に先生と面談し、治療の対策を話してもらった。「最近はがんになる犬が増えています。抗がん剤投与でうまくいけば1年は延命できます。最悪の場合は数カ月。何とか6カ月がんばりましょう。これから1週間に1回の割で注射します。毎週土曜日、午前の診察の後に来れますか」。

先生の語り口は実にやさしかった。だがわれわれ3人には、厳しい覚悟を決めざるを得ない冷酷な宣告にしか聞こえなかった。わたしは、白内障手術をのり切った「リキ」が、今度は生死をさまよう試練に立ち向かう、その不びんさにやり切れない思いに落ち込んだ。

翌日から、さっそく第1回目の抗がん剤投与ははじまった。「ひとまず注射は2カ月間に8回。その後は2週間に1回。錠剤は1日置きに1回。そして毎朝体温をはかる。39度以上は要注意だからすぐ病院へ。抗がん剤は静脈注射で、打った後は数時間安静にするため病院であずかります。夕方電話しますので引きとりにきてください」……と。

これからこのパターンが何カ月か続くのだろうと、重い気持で帰宅した。1時間もたたないうちに病院から電話が入った。「リキ」があばれてとても手におえないと。すぐに引きとりに行く。さあ、これから先が思いやられるぞ……。

このあとの「抗がん剤治療」や「副作用」の項目は、わたしの日記代わりのメモに不備が目立つ。わたし自身もかなり混乱していたのだろう。記述も記憶も、必ずしも正確でないところがあるかも知れないのをことわっておきたい。

短冊に　願いはひとつ　愛犬《いぬ》の幸
患いし　愛犬《いぬ》と木陰で　秋を待つ

抗がん剤治療

抗がん剤の注射を打つ前に血液検査をするのだが、「リキ」の場合最初の投与で白血球の数がずい分低下した。その状態では投与できない。翌週まで1週間あけると、免疫力が低下して感染症が心配だから予防のために抗生物質をのむ。

ところが今度は、それらの影響でかなりの利尿作用が出るのがわかった。尿漏れがひどいのだ。床にポタポタ、あわててティッシュでふいて回る。えらいことになった。さっそく「リキ」用のオムツを買いに走った。

しかし、オムツより簡便な尿漏れパッドがあった。幸いなことに「リキ」が嫌がらずにつけさせる。それは助かったのだが、朝にはその尿パッドカバーまで濡れている。すぐ洗濯だ。もうひとつ換えがいる。わたしも妻もてんてこ舞いだ。

1カ月が過ぎた。抗がん剤投与はまだ3回目だが「リキ」は毎週の投与は無理と先生は判断し、2週間に1回の投与に決まった。それで良ければこちらもその方が楽だ、このパターンが定着した。

オムツ騒動はまだ続いている。いやいっそう大変になった。夜は尿パッドでなんとかしのいだが、昼間は5時間置きくらいに小便をさせるため外へ連れ出した。朝は6時半、10時半、15時半、18時ころ、そして21時半だ。このころ、わが家は「リキ」の小便に完全にふり回らされていた。

この年も猛暑だったが、「リキ」の病気との格闘で2カ月ほどのひどい暑さも忘れてアッという間に過ぎた。「リキ」の腫れはなくなり再発もしていない。尿漏れ以外はむしろ元気なのだ。しかし、暑い最中「リキ」は下半身をしっかりと覆われている。もちろんもう外せなくなっていた。隔週の12時半、病院に入り血液検査、そして抗がん剤注射。その後「リキ」も慣れてきておよそ1時間後に引きとる。

いつの間にか秋がきていた。「リキ」も治療に慣れて……と思っていた矢先、突然夕食を食べなくなった。そればかりか嘔吐、吐き出した。1日に5回も、6回も、食べていないからカラ吐きだ。「リキ」もひどく苦しそう。いよいよがんとの闘いが本格的にはじまったか……。夜も眠れないまま、診察時間を待ちかねて病院に飛び込んだ。点滴すると、

2時間かかると。翌日も「リキ」は具合が悪そう。その次の日も……点滴は5日間連続した。起き上がれないほど具合が悪い日もあった。

そんなとき、娘が抱きかかえて車に乗せたり（体重は当時11キロくらいか）、大きな籠に入れて（赤ん坊を入れて運ぶ籠を用意していた）運んだりした。その間には病院は休診日があったにもかかわらず、先生は点滴をしてくれた。有難い。でも正直なところもうだめだと思った。

エアコンが入り、BGMも流れる小部屋に点滴装置をセットしてわたしと妻、休みをとった次女が約2時間、細い足と点滴剤とを管でつながれた「リキ」をなだめて出来るだけ動かさずに見守った。そんな5日間「リキ」はまったく食べていない。抗がん剤治療ももちろんストップだ。実はこの待遇は特別なものだった。「リキ」がおとなしくケージに入らないので、シャンプー用の小部屋をあけていただいたのだ。

点滴と血液検査の注射では、ちょっとした出来事が忘れられない。毎日点滴をするので、「リキ」の細い足にすぐ注射針が入るように留置針がつけられていた。これは5日間つけっ放しだ。そして絆創膏でグルグル巻きにされており、取りはずしは病院でやってもらえた。

ところが、血液検査のための注射の後も同じように絆創膏が、これはクルクル巻き程度にされていた。それは家ではがせるようにだ。「リキ」はそれをやらせてくれなかった。足を持つだけで、グワッとくるのだ。痛いことをされるからだ。こちらもそれがわかっているので、おっかなびっくりになる。こわごわやると余計に怒る。グワッだ。しかし、ものは考えようで、そこまでの元気があったのだ。〃ヨシヨシ「リキ」よ、大丈夫だ〃……涙ながらに思ったものだ。

5日目だったかの夕食時、孫たちがきていたので「リキ」も少しハイになったのだろうか、ほんの少しのボーロとフードを食べた。皆が大喜びした。翌日も少し食べた。しかし、その後今度は下痢が始まった。それも1時間半の間隔で、血便も出た。最後には粘液状の便もだ。数日続いた。

これががんとの闘いか、副作用なのか、どちらにしても家族の懸命の努力がピークに達していた。下痢が完全に収まるまで、抗がん剤治療はできなかった。

下痢止めは抗生物質を使うが、抗がん剤とは効果が反比例するという。どちらを優先するかを問われたが、われわれは下痢止めを優先してもらった。1週間がたった。ウンチが固まりだした。

「リキ」よ、よくぞ持ち直した。血液検査の数値も悪くないと。抗がん治療が再開できた。「リキ」も注射のあと案外落ちついていると、体調が回復したのだろう、おやつに持っていたジャーキーを数個、きょうはじめて食べたと看護師さんが言ってくれる。その間、われわれは病院の近くのスーパーで、買い物をして待つという余裕もできた。

その後「リキ」は一進一退をくり返した。食後に突然食べたものを全部吐いてしまうことがあった。これには、わたしも妻もガックリきたものだ。昼の間はほとんど寝ている。体調が悪いのかと思ったが食欲はあるし、散歩でもしっかりと歩く。

翌年の正月をやっとの思いで越えたころ、先生からこんな話が出た。抗がん剤治療は6カ月を過ぎていた。首の下の腫れも出ていなかった。「いままでの2週間に1回の抗がん剤投与を、3週間に1度にしましょうか」と。治療費がかなりかさむことも含めてのことだったと思う。

しかし、わたしと妻はいままでどおりの治療をお願いした。妻は言っていた。「もし回数を減らして、がんが再発したらくやんでもくやみきれない」と。先生はもちろんわれわれの意思を尊重してくれた。ただし、「もし首にグリグリが出てきたら、すぐに連絡を」と。抗がん剤治療は、7月にがん宣告を受けて翌年3月まで、結果的に9カ月に及んだ。

治療費がかなりかさむことはいうまでもない。ペット保険に入っているわけでもない。当時からあったのかよくわからなかったが、仮にあったとしてもこんなに病気になるとは思わないから、たぶん入ってはいなかっただろう。

人とちがって医療費控除が受けられるわけでもない。わが家の財務大臣はもちろん妻である。その妻は「私の年金を治療にあてるから……」と言った。そういえば、妻は「「リキ」はわたしが産んだと思っている。」とも言ったこともある。「十何年間も、家族みんなをこんなに癒してくれたんやから安いもの」とは妻の口ぐせでもあった。年金でも足らなくなったら……、隠し財産？　まさか埋蔵金？……そうだ、どこかに隠していた〝へそくり〟をそれにあてたのか知らん……？

山茶花の　紅点々と　愛犬《いぬ》の庭

老夫婦　闘病《たたか》う愛犬を気遣いて
夏秋知らず　早や師走かな

〝こんな格好で失礼します〟……

副作用

「リキ」の下痢がおさまり、体力が回復したのは10月に入ってからだった。抗がん剤治療も再開できて、がん宣告以来3カ月が経っていたころである。幸いリンパ腫は再発していない。その間いろいろあったが「リキ」も治療に慣れたようだ。しばらく安定した体調で隔週投与が続いた。

しかし、終日ウトウトを繰り返し、たまに立ち上がってもジーとして尻尾はだらり。クルリと尻尾を巻いた柴犬らしさはない。この状態のまま何とかその年の正月を越えた。リンパの腫れは出てこなかったが、先生からはいつか再発するから用心するようにと念を押されていた。

冬の寒さが一段と増したころ、また尿漏れがはじまった。それも夜だ。深夜1時とか、3時とか。小便に行きたいと「ヒュン、ヒュン」と鼻を鳴らす。そのたびにわたしは、ダウンジャケットに身を包み完全防寒装備で外へ出る。朝まで眠れる日がなくなった。まいった。多少持ち直したかと思えばまたはじまる。そのくりかえし状態は、春になっても続いた。

抗がん剤の副作用で感染症にかかり易くなったようで、今度は「ぼうこう炎」だ。血尿もまじっている。もちろん尿パッドはしているが、3時間おきには換える、ひどいときは1時間おきだが、いつもドボドボ状態だ。日に数枚使う。これではいくらあっても足りない。妻は大量の尿パッドを買い込んでくる。もっともそれは人用のもので、犬用の方が値段が高いというのだ。

血尿はいよいよひどく濁って汚れている。抗生物質の注射、そして点滴と先生も薬を変えたり懸命に処置をしてくれる。このひどい状態で「リキ」は13才の誕生日を迎えた。そのころ、庭の桜が満開になった。この時期、毎年「リキ」と家族、また孫も入れて記念写真を撮っている。今年は、これが「リキ」と撮る最後になるのでは……と思った。「リキ」の深夜の排尿はまだ続いている。わたしと妻は交代で外へつれ出しているが、お互い昼寝をしないと体が持たない。深夜の12時半、早朝4時、そして6時半でそのまま起床だ。

先生はこのところ「がん治療はおいて、ぼうこう炎を何とか……」と言う。もっともこのぼうこう炎の治療を優先することで抗がん剤治療が止まったが、結果的に終止符を打つことになったのである。

「リキ」はぼうこう炎以外、不思議に元気になってきた。しかし昼夜逆転状態になった。深夜3時に排尿のため外につれ出すのも常態化している。徘徊とおぼしい動きもある。なんとか夜寝かせるために入眠剤を貰う。しかし効果がない。量を増やしても効かない。睡眠薬に換えたり、精神安定剤をプラスしたり、試行錯誤を続けるが効かない。まさに薬漬け状態だ。薬漬けはかなわないと思っていても、そんなことは言っておれない。人間の介護と同じ状態だ。

そのうち今度は、尿パッドの間からウンチをコロコロ落とすようになった。真夜中に、それも室内にだ。最悪だ、これはたまらない。尿パッドではもう用をなさない。オムツだ。それでもオムツのすき間からウンチを落とす。

そんなときI先生がアドバイスをくれた。Tシャツを着せてオムツをその上からキチッとガムテープで止めよと。これがうまくいった。小便もウンチも受け止められるようになった。深夜の散歩を止めることができた。

すべての薬が効かない状態になったのか……高齢でボケが始まったのか……いよいよ徘徊がはじまったのか……がんが前立腺に転移したのか……いよいよ最後か。しかし、エコー検査などではノーなのだ。こちらもみじめだが、「リキ」の姿はもっとみじめだ。毎朝オムツをあけるとウンチまみれだ。庭でもいつの間にかウンチをしたのだろう、コロコロところがっている。

徘徊がひどくなると、こちらもほとんど眠れない。「リキ」もまったく寝ていないのではないか。こんな状態がこのまま続いては、わたしも妻も体が持たない。もうクタクタで限界だと思うようになった。

そんなとき、不意に心によぎった思いがあった。他に方法がないのなら、もう何かいいエンディングはないものか……と。次回の診察時にでも先生に相談してみよう……。こんな思いが「リキ」に伝わったのだろうか、それからしばらくして奇跡がおこる。

この桜　あと幾度と　愛《い》犬《ぬ》を抱く

朝日新聞「読者ほのぼの写真館」

２０１１年10月27日（木）朝日新聞夕刊に連載中の「読者ほのぼの写真館」に「リキ」の写真が掲載された。これは人気のシリーズらしく毎週木曜日に読者のペットが、犬や猫はもちろん小鳥やらカメやらうさぎやら、いろいろなペットが多いときは20匹ほど写真で紹介されている。この日「リキ」が掲載された。

これにはわたし自身にちょっとしたエピソードがある。このシリーズは以前から気になっていてそれとなく見ていたのだが、ある日一枚の柴犬の写真の、それも飼い主の名前が眼についた。大学時代の親友Ｆ君と姓名とも同じなのだ。年賀状だけのつき合いになっていたが住所もまちがいない。

連絡してみた。はたしてそうだった。Ｆ君家の愛犬が掲載されていたのだ。話を聞いてみると、かなりの老犬でしかも痴呆気味だと。Ｆ君はマンションに住んでいて、毎日深夜愛犬を小便のために階下までつれ出さなければならず、寝不足でまいっているのだと。その写真掲載がきっかけで、F君を含めた大学時代の仲間数人、40数年振りの同窓会を開くことができたのだ。

それはともかくとして、妻が余命わずかと言われている「リキ」も投稿しようと言いだした。新聞社に電話すると、たいへんな人気のシリーズで掲載までに6カ月待ちだという。それでも投稿した。ただ妻は、投稿した写真にそえて「目下、がんで闘病中であること。余命が数カ月であること。できれば命のあるうちに掲載して欲しい」とメモった。その願いが担当氏に届いたのだろう。

2か月後に「状況が状況だから、特別に順番を繰り上げて掲載します。」と連絡が入った。この写真はまさに闘病中、われわれも腫れものにさわるような「リキ」だったが、この1枚の写真からはとても想像できない元気な一瞬を捉えたものだ。

またこの写真は、後にマグカップにも転写された。もっとも「リキ」はそれからも頑張り続けている。いまとなれば、掲載はラッキーだったが「リキ」の強運のたまものとも言えるだろう。

〝オレがどれかわかる？〟……

91　朝日新聞「読者ほのぼの写真館」

肖像画

わが家のリビングの壁面に、ちょっと不釣り合いな12号の油絵が架かっている。「リキ」の肖像画だ。芝生の上に悠然と横たわっている。

これも妻の発案だが、「お父さん、リキの肖像画を描いてくれる人、いないやろか?」と。「リキ」がわが家に暮らしていた証しを残しておきたいからだ。ご近所に画家さんも住んでいるし、わたしの仕事の知り合いにイラストレーターもいる。「しかしなあ、描いてもらってあまり似てなかったら困るしなあ、知り合いだとまずいなあ」。インターネットで調べた。肖像画を描いてくれるアトリエや画廊、イラスト会社はいっぱいあった。それもペットもだ。好みのタッチを探して発注した。

写真を送ってくれと……そこで、また年賀状に使った写真の出番だ。それと庭の上に寝そべっている写真の2枚を送って、それを合成してほしいと注文した。わたしは、〝シバ

(柴)犬は、シバ(芝)生の上にいる姿がいちばん好き〃なのである。年賀状の写真は室内だから、それを庭の芝生に差し替えてもらうのだ。

注文して1週間後、メールでふたつのプランが送られてきた。すぐに考えていたイメージのプランを決定。さらに1週間後今度はかなり描き込んだプランが届く。が、違う、どこか違う、そうだ目が違うのだ。目力がない。パッと見て似ていない。希望を具体的に伝えて修正を頼む。5日後修正案が届いた。今度は似ている。「リキ」だ。妻も間違いなくこれは「リキ」だと言う。OKを出した。ここまですべてパソコンによるメールでのやり取りだ。発注してからちょうど1カ月して肖像画が届いた。

妻が喜んだ。その絵に合った額縁に入った油絵の細密画だ。写真とはまた違ったトーンというか、風合いがいい。愛犬が見事な油絵になり、額縁に入ってわが家に帰ってきた。「リキ」の指定席、ソファの真上に架けることにした。わが家のリビングが、ちょっとゴージャスな雰囲気に包まれた。

この絵は、描いてくれたアトリエのホームページの、それもトップページを長い間飾っていた。

〝どんなもんじゃ〟……

ファッション・ショー

それはレインコートからだったと思う。「リキ」は2枚のレインコートを持っている。1枚は小雨用でまっ赤な薄手のビニール製。もう1枚は大雨用でこちらはもう少し厚手、フードがついており水色と茶色のチェック柄だ。これらはたしかに重宝している。

しかし、昨今はやたら色んな洋服を犬に着せて、散歩を楽しんでいる飼い主さんが多い。わたしは「犬に洋服なんて女々しい」ましていて「うちは柴犬だぞ、日本犬には似合わない」と思っていた。

ところが、いつの間にか〝100%おウチ犬〟になり、冬はかなり寒いところで、そこへもってきて大病をわずらい、ついつい甘くなっていた。次女がペットショップで、妻がカタログ通販でいろいろな洋服を買い出した。あれよあれよと「リキ」は衣装持ちになった。いつも洋服が数枚籠の中に収まっている。春から夏にかけて、毛が大量に抜けるのでそれが飛ばないようにＴシャツを、冬は防寒用のものをと。

実は、この数枚のＴシャツが、先にも書いたが「リキ」の最大のピンチのときに思わぬかたちで役立つのである。まさかあんな利用法があるとは……。

中でも「リキ」の、いや妻のお気に入りはダウンのジャケット。しかもリバーシブルだ。妻はそれを通販で買ったようで値段を聞いて驚いた。わたしのものよりずっと高いのだ。……まあ、それはいいとして、それを着せて散歩していると、出会った犬友だちから「イヤー暖かそうな服着せてもろて、それどこで買われました？」と声をかけられることがある。

たしかに冬のペットの散歩はそれぞれ洋服を着せて、まるでファッション・ショーだ。飼い主さんの好みやセンスが現れて、それなりに面白く、結構楽しんでいる自分がいる。

〝おしゃれしたけど似合う？〟……

新記録

「リキ」は2階のわれわれの寝室の隅に、木製の大きなケージを置いたそこにベッドを置いて寝ていた。その扉はいつもあけ放している。その部屋でカチカチと爪を床のフローリングに響かせる徘徊はますますひどく、わたしも妻も眠れない、「リキ」もほとんど寝ていない。

そんなとき、ご近所でとくに犬にくわしい妻の友だちに、その様子を話した。そのとき、こんなアドバイスをしてくれた。「リキを大事にし過ぎや、思い切って昼も夜も庭に出しておけば……」と。

季節もよくなっている。われわれは、心を鬼にして「リキ」を一日中外に出すことにした。当初は、閉めきったガラス戸をガシガシと、〝中に入れてくれ〟とやった。しばらくの間、庭に相変わらず小便をポタポタと落としていたが、それがいつの間にか治った。

「リキ」は庭で出したいときにウンチをして、小便も適当にしている。夜もだ。お陰でこちらも寝られるようになった。しかし、わたしも妻も2階の寝室で寝ていては心配だ。わたしだけ1階の和室で寝るようにした。これなら夜中「リキ」に異変が起こってもすぐわかる。「リキ」が意外なことにそれに慣れた。

ほどなくしてウンチは散歩のときにした。それも立派なウンチだ。食欲も出てきた。心なしか毛のツヤもよくなったように思う。徐々にだが体調も安定してきた。梅雨になったがそれでも外、夕立がしても雷が鳴らない限り外だ。

がん宣告以来1年が過ぎた。このところ抗がん剤は投与していない。しかし、1カ月に1度は検診に行く。そのつど先生は「すごいですね、頑張っていますね。」とくり返す。そのうち先生から「対処法は何か特別なことしていますか」とたずねられた。「リキ」は先生が驚くほど元気になっていた。これといったことは何もしていないのに……。

ただ考えてみれば、最近は「リキ」の習慣というか犬の習慣にしたがい、こちらがそれに合わすようにしている。あれだけ悩まされた睡眠も、短時間睡眠の積み重ねで対応している。「リキ」は相変わらず数十分寝ては起き出す。それが数時間のときもある。そういうものなのだろう。夜寝て昼起きてというのは人間の習慣なんだ。

おウチ犬になっていたが、できるだけ外に出す。あたりまえのことだ。家の中にいたときよりも、外にいたときの方が安定している。昼間外にいて適当な刺激を受けることで、夜疲れて寝るのかなとも思う。
もうひとつ思い当たることがなくはない。「リキ」は、子犬のときからよく下痢をしたりウンチがゆるかった。かなり大きくなるまで軟便気味だった。それがあるとき「〝おから〟にフードをまぶしたら……」とアドバイスを友人からもらった。
その後ウンチはすっかりバナナ型のしっかりしたものになった。たぶん、いやまちがいなく〝おから〟の効用だと思っている。以来ズーッと10数年も〝おからフード〟が「リキ」の主食になっている。(この〝おからフード〟は、隔月刊のペット雑誌『ＳｈｉｌＢａ』２００６・１月号「フード事情」アンケートで取り上げられた)
秋も半ば、いつもの検診でもなんの異常もなかった。この様子なら、まだまだいけると思うようになった。「すごいですね。ほんとにすごい」と感心する先生。受付をされている先生の奥さんが「うちの患者さんでは新記録ですよ。」と。「リキ」はまるで〝病抜け〟したかのように元気になった。あれだけ心配し何とか正月越えを、庭の桜が咲くまではなどと身近に節目を決めて、そのひとつひとつをクリアしてきたが、13才の誕生日も、ゴールデン・ウイークも、そして酷暑の夏も、それなりにのり越えてきた。そして今度の目標は、15才の誕生日越えだ。

「リキ」のハーネスには京都の神社で買った〝悪縁切守〟(がん封じのつもり)と、毎年初詣に行く近所の氏神様で見つけた〝ペットのお守り〟をつけている。もっともこの〝ペットのお守り〟、以前はここでは売っていなかった。ここ数年初詣に行くたびに、妻が「〝ペットのお守り〟はありませんか」と聞くので置いてくれたのだろうかとも思う(ペットのお守りは、置けばきっと売れると思うけど)。はたしてこれらのご利益だろうか。

まったく元気に散歩する。歩くスピードは、古希を迎えたわたしが息を切らせるほどだ。ご近所の犬友だちは出会うごとに「リキちゃん元気やね〜、がんばってるね〜」と声を掛けられる。

もっとも、14才と6カ月を過ぎたころから、老人のように腰が曲がりだした。そしてうしろ足がすっかり弱ってきた。歩くのは前足で引っ張るのだろうか、不思議にしっかりしているのだが、座るとき〝ドサッ〟と腰からくずれるようにする。I先生にも教えられたのだが、見かねて思わず足腰のマッサージをする今日このごろである。

がん宣告　受けし愛犬《いぬ》のハーネスに
涙こらえて　お守りふたつ

初詣　犬のお守り　さがす吾

二度目の失明

がんの宣告を受けて1年が過ぎた。よくもって余命1年と言われた。もうだめかと思ったこともあった。この1年を振り返ると本当に大変だった。

ところがどうしたことだろう。うれしい誤算ということだろう。そのころの「リキ」はまだオムツの厄介にはなっていたが、それ以外はかなり回復した。散歩に行くときには、うれしそうに出口へそれこそ跳ぶように走っていくほどだ。

うそのように元気になったと思うと、また突然に吐いたり夜急に落ち着かなくなって徘徊をはじめたり……と、波はいつもあった。あまりに元気で、このままなら14才の誕生日も軽くクリアだと思っていたころ、それこそ急に室内を速足で歩き出す。嘔吐もだ。それを15分おきにくり返す。夜もズーとだ。いつの間にか朝になる。病院で血液検査をしても異常なし。とりあえず吐き気止めの薬をもらう。数日すると元気を取り戻す。夜の徘徊もなくなる。不思議なほどだ。

夕方の散歩の途中で、気になることが起こった。溝に落ちた。道の段差でよくけつまずく。もちろんこちらの不注意だから、その後はすぐに気をつけるようにしたのだが、白内障になったときを思いだした。それから、「リキ」の名前を呼んだときに気がつかないことがでてきた。

そのころ体調はすっかり安定し、家の中と外を自由に行き来する状態がつづき、小便は散歩のときか庭で、ウンチは散歩のときにと、すっかりそのリズムが安定していた。家の中で置いてあるものに当たったり、引っかけたりすることもあった。いろんな衰えが出てきても仕方ない歳でもある。眼は手術はしたが、すでに7年が過ぎた。耳はいままでに外耳炎を何回かやっている。これらが衰えて当然なんだろう。

室内に置くものは最小限にする。以前からあるものは置き場所を変えない。暗くなり出したらできるだけ早く照明をつける……そんなことに気をつけながら、それでも夜が楽になった。リビングのベッドかソファのどちらかで寝ている。小便は夜中に3回くらい庭に出てすませている。戻ってくるとまたベッドに入って朝まで寝ている。6時半ころ、わたしが寝ている和室をのぞきにくる。このパターンが完全に定着した。夜中の照明は最小限だが、歩くルートがいつもほぼ決まっているのでものに当たったりしない。実に上手に避けて歩いている。

ずい分前になるが、当時かかっていた先生が「犬は、両目が見えなくなっても、すぐに慣れてふだんどおりの生活ができるようになるよ」と、いとも簡単に言ったことを思い出した。

テレビでモザイクがかかった映像があるが、あのような状態だろうか。ぼんやりと輪郭くらいは見えるのだろうか、わたしが動くと眼で追うこともある。お互いにジッーと眼があうときもあるのだ。ただすぐそばで「リキ」と呼んでも焦点があわずにあらぬ方向を見ているときは、悲しい思いがこみ上げる。

夜や暗いところでは、ほとんど見えていないと思う。そばで呼んでもビクともしない。何回呼んでも振り向かない。だからほとんど聞こえていないと思う。ただ、それこそ永年の勘と気配で、見てそれと感じさせない元気さで、「リキ」は毎日を送っている。そんな不自由だが安定した体調で、14歳の誕生日もクリアした。1年前のことを思うと信じられない。この様子だとまだまだ長生きできそうだ。

見えぬ眼で　ボール追う愛犬《いぬ》　哀し夏

「リキ」と3孫

週に3日、わが家は3人（いまのところ）の孫を預かり保育所のようになる。上は小5で10才、中が小2で7才、下が5才で3人共男である。夕方保育園と学童預り所に迎えに行き、夕食をいっしょに食べて、仕事をおえた長女が迎えにくるまでの数時間を遊ばせる。この時間の「リキ」は実におもしろい、ふだんとちがう反応を見せるからだ。しかも3人に対してそれぞれ違うように思う。

「リキ」はもともと子どもが苦手である。それも小さい子ほどのようだ。うるさい、うっとおしい、たぶん。「リキ」がまだ若くて元気なころのことだが、毎朝、わが家のそばを小学生たちがにぎやかに集団登校する。そのとき庭に放している「リキ」は、待っていたかのように、〝ワ・ワ・ワ〟と怒りながら追いかける。子どもたちはもちろん何もしないのにだ。それも小さい子にはとくにしつこく追っかける。

ところが、孫がわが家にくるときはちょっと違う。３人が跳び込むように家に入ってくると、すごくハイ・テンションになる。家中を走り回る。ソファにはジャンプしてのる。ただし吠えることはしない。どう見ても喜んでいる。歓迎しているのだ。やはり仲間がきたと思っているのだろうか。

夕食の後で遊んでいるとき、長男は赤ん坊のころからいちばん長いつき合いだから、案外落ち着いた対応というか相手をする。ときに顔をペロリとやることもある。いちばん下には、ちょっと引いた対応をしているように思う。まず顔はなめない。下の子がいちばんやんちゃで、何か悪さをされないかと用心しているのだろうか。まん中の子には、まさにその中間というところだ。

かつて、まだ赤ん坊だった下の子を、わたしが抱き上げようとして噛まれたことを書いたが、自分より小さな子を守ろうとする本能が働くのだろうか。

ひととき遊ぶと疲れるのがよくわかる。３人が帰るころにはぐったりと横になっていることが多い。じじばばの間で、孫に対してはよく〝来てよし、帰ってよし〟というが、「リキ」にとってもまるで同じなのではないだろうか。

孫たちがもっと小さなころは、庭でよくボール遊びをした。その様子はあきらかに仲間どうしだ。お互いがいっしょになってボールを追いかけっこする。「リキ」はとくにやわかいボールが好きで、それをくわえると放さない。孫が獲りに行くと〝ウー〟とすごむ。そのあと、自分で転がしていることもある。これも「リキ」と孫たちの独特の距離感なのだろう。こんな様子をみていると、犬は人の1〜2歳の、ことによっては2〜3歳、いやそれ以上の知能があるのではないかと思う。

庭にある桜が咲くと、毎年「リキ」と3孫で記念写真を撮るようにしている。ところが、「リキ」がなかなか言うことをきかない。そうでなくても孫がくると、テンションが上がるところに、孫が無理やり〝リキ！ こっちへ来い。ハイチーズ！〟とやる。そのため全員こっちを向いた写真は1枚もない。

夏は、ビニールプールを出して水遊びだ。当然「リキ」も仲間入りしてくる。孫たちは水てっぽうで「リキ」をねらい打ちだ。秋、冬と、狭いながらも庭があると、落葉やら雪やら、それぞれに表情を変える。その都度「リキ」と3孫は、楽しみ方を変えている。

孫たちは、それぞれが「リキ」大好きなのだが、「リキ」の方が、三人三様の対応をしているようでまことに興味深い。

孫と愛犬《いぬ》　抱いて桜の　つぼみ待つ

〃寄せ書きをアリガトウ〃……

コミュニケーション

それは「リキ」がずっと外飼いだったら、それほどわからなかったのかも知れない。おウチ犬つまり1日のほとんどを家族のそばにいるのだから、犬の、それも「リキ」との関係がきわめて濃密になることで、いろいろなことがわかった。

たとえば、「リキ」は必ずしもシャンプーをされるのが好きではないが、いちばんかわいがっていた次女がやると、実に素直にシャンプーをされているのだ。ただし、そのとき次女は「リキ」に途切れることなく語りかけている。「リキちゃん、気持いいやろ」「どこがかゆいのかな?」「もうすぐおわるからな」……他愛のない話をズーとしている。それが、たまにわたしがやるときがある。いつも浴室に「リキ」をつれていくのだが、そのときからすでに拒否体制だ。娘と同じようにシャンプーをしているつもりだが、やり方が荒いのか、話しかけが少ないのか、おとなしくやらせてくれない。段取りが悪いこともあるのだろう、時間がかかると〝ウー・ワンッ！〟とおこる始末だ。

シャンプーで気持ちよくなったあとも、遅くなってきげんが悪くなったあとも、こんどは妻がドライヤーで毛を乾かせてやる。そこでもまた色々と話しかけている。そう、犬も話せばきっとわかるのだ。

犬は吠え方でいろいろなことを訴えていると言われるが、まちがいなくわかる。「ワンワン」と「キャンキャン」は違うし「クンクン」と鼻を鳴らすのもそれぞれ違う。心を通じ合わせることでコミュニケーションの幅はずい分と拡がる。「おすわり」とか「お手」とか、いわゆるしつけの類は、家族はあまり教えなかった。しかし、それ以上にこちらの言葉と動作などが犬は理解できるのではと思う。

たとえば、「リキ」の場合、散歩のときに、交差点などでは「待て、ストップだよ」、溝やそれの鉄製蓋があると「跳べ、ヨイショ」。さらに「まっすぐ」「ゆっくり」など。先にも触れたが「お留守番頼むよ」「待っててね」では、いかにも寂しそうな表情になる。

もっと面白いことがある。夜、2階の寝室に大きな木製ケージを置いて「リキ」が寝ていたときのことである。扉はいつもあけっ放していたのだが、朝そこを起き出してきて、わたしと妻はそれぞれベッドで寝ていたが、その間に入ってきてわたしのふとんの中に鼻を突っ込み、足を〝ツン・ツン……もう起きようよ〟とやるのだ。妻にはまったくやらない。わたしが「まだ早い、もう少しネンネ！」と叱ると、そのままベッドの間でしばらく寝ている（フリをしている）。そしてしばらくすると、また〝ツン・ツン〟だ。思わず笑えるし実にかわいいのである。妻にやらないのは、この人は散歩につれてくれる人ではないのでやっても仕方ない。ヘタにやれば叱られるだけだと、わかっているに違いない。

病気のために「リキ」を1階のリビングに移し、大きなケージから布製ベッドに換え、わたしもつきそってリビングのそばの和室に寝るようになってからも、同じようだ。たたみの上には入れないようにしているが、「リキ」が朝早く起き出してくると、わたしは「だめ！　ベッドでもう少しネンネだ」「まだ早い！　ソファでネンネ」と一喝。それをきちんと聞き分け、ベッドにソファにもう一度寝にいく（間違えることもままある）。

眼が再び見えなくなってからは、余計にかまうようになった。若いころ、あれだけ触れるのを嫌った「リキ」が、じぶんからからだをすり寄せてくるようになった。これは、見えないだけに、誰かに何かに、触っていると安心するのではないだろうか。

いずれも言葉だけではなく動作が自然とついているが、ボディランゲージという言葉もある、まさにそれだと思う。こうして「リキ」との会話を結構楽しんでいる。

紫陽花の　色さまざまに　愛犬《いぬ》の道
愛犬《いぬ》走る　金木犀の　香をのせて

飼うから、共に暮らすへ

わたしも妻も子どものころから、犬を飼ったことがあると先にも書いた。思い出すに、そのころその犬のことを「こいつ」や「あいつ」、また「かわいいやつ」などと言っていたのではなかっただろうか。もちろん愛情を込めてだが。それが、最近では「うちの子」になった。

どうだろうか、「こいつ」や「あいつ」の時代は、犬を「飼っていた」と。それが「うちの子」になって、犬といっしょに「暮らす」であり、「過ごす」になったように思う。それだけ、犬はいや猫も含めてペットは、家族の一員あるいはそれ以上になったわけである。

以前に読んだことがある中野孝次さんの「ハラスのいた日々」や「犬のいる暮し」は、いずれも感動のエッセイである。作家夫妻と愛犬の暮らしぶりをあますところなく語られていて、読む者にあたたかいやさしさを伝えてくれる。愛犬ハラスもがんに罹り13才で亡くなるのだが、あの作家中野孝次の愛をここまで注がせたハラスはなんと幸せであったことだろう。

また、海外の話でも、テリー・ケイ作の「白い犬とワルツを」は、なんとさわやかで美しいファンタジーであることか。そのあと、邦画で映画化もされて観たが、主人公の老人を演じた仲代達矢さんが着ていた古びた黒いセーターに寄りそう白い犬の姿が、今も眼の前に浮かびあがる。老人に、犬はなんと似合うことか。

犬と飼い主との暮らしは、どうしてこれほどまでも感動を呼ぶのだろう。どうしてこうも多くのことを教えてくれるのだろう。

ところで、話は変わるが、このところ地震や自然災害が多発している。わたしも住んでいる地域での、避難訓練に参加して感じたことがある。住民がこぞって指定された避難場所に集まり、たき出しをもらい、消火訓練などひととおりのメニューを訓練したあとで、主催者と住民との意見交換があった。そのとき、わたしは質問をした。「ペットは避難所に連れてきてはいけないのですか」と。答えは「ダメ」であった。

もちろん人が何より優先であることはわかる。体が不自由な方の避難も大事だ。そんなときに、ペットまで……。避難所に集まった人の中にはペット嫌いな人も、アレルギーを発症する人だっているかもしれない。だからみんないっしょというわけにはいかないだろう。ペットとその飼い主には避難所の一角、あるいは別の場所でもいいのだが提供できないのだろうか。

東日本大震災での避難生活でもそうだった。気の毒な毎日を送る人々の中に、ペットと別れざるを得ない人が多くいたようだ。いろんな状況があるから軽々には言えないが、一人暮らしでペットが話し相手、生きがい、癒してくれるかけがいのない家族などなどきっとおられるはずだ。なんとかならないのだろうか。

大阪の能勢で、大震災で放さざるを得なかったペットを一時的に保護しているセンターがある。妻は毎年ささいな額だが支援金を送っている。ペットフードが足りないと呼び掛けがあれば数袋送ったりしている。

ペットの飼い主として、責任ある役割をキチンと果たせないのは論外だが、家族の一員であるのなら、ペットとの関係をあらためて考え行動する必要があると思うのだがどうだろう。

〃オレの指定席だ〃……

おわりに

「リキ」は現在14才と9カ月を過ぎても元気である。1才半から心臓病をわずらい、その薬を、白内障からは目薬3種類、抗がん剤はおわっているが、それ以外にサプリメントを含めて4種類をのみ続けている。これらの薬を管理しているのは妻の役目で、正直これは大変だ。妻はよくやってくれているが、「リキ」がどれも嫌がらずのんでくれているのが大助かりだ。

がんを宣告され、余命数カ月から最長でも1年、と言われてもう2年と6カ月を過ぎようとしている。わたしも妻も「リキ」は、がんをきっと克服したと信じている。もっとも最近では、うしろ脚が弱ってきて、散歩もあまり喜んで行かなくなった。今度は、遠からずはじまるであろう介護生活を、なんとか平穏なもので送れるように、また妻とふたりでのり切りたいと思っている。そして15才の誕生日を、見事にクリアすることをまずは願っている。

ところでこの小著は、わたしのメモ程度の日記（「5年日記」）と、妻の記憶をもとにしたものである。したがって正確さを欠くところがあるかも知れない。しかし愛犬「リキ」の度重なる闘病ぶりと、それを必死でのり越えて生きる姿を、何らかの形にして残しておきたいとの思いで書きあげた。

また、テーマのあちこちに拙い和歌や俳句が入っている。妻の作である。懸命に病気と闘う愛犬に、思いの丈を、またエールを送るべくその都度書き留めていたという。わたしはそのことをまったく知らなかった。ご愛嬌として併記させていただきたい。

刊行にあたって、装丁をしてくれたのは国際的にも活躍する㈱電通・東京のアート・ディレクター八木義博君、素敵な本に仕上げてくれた。また出版には㈱白馬社の代表取締役・西村孝文さんに無理を聞いていただき、多くのアドバイスをいただいた。その他多くの方々の助けのお陰でこの本ができたことを感謝したい。

2014年3月

藤澤　武夫

■著者略歴

藤澤武夫（Fujisawa takeo）
1944年　滋賀県生まれ
広告会社の㈱電通関西支社でコピーライター、ディレクター、クリエーティブ・ディレクターとして多くの新聞広告、テレビCMなどの制作に携わる。京都クリエーティブ部長を経て、2004年定年退職。その後、大阪経済大学客員教授、関西大学、龍谷大学、京都精華大学、京都造形芸術大学などで非常勤講師を歴任。現在は、自治体や団体のPRアドバイザーを務めている。
著書に、『広告の学び方、つくり方』（昭和堂）、『広告・広報論』（佛教大学通信教育部）がある。

失明とがんをのり越えて——
愛犬「リキ」の、一生けんめい物語

2014年4月25日　発行

著　者　藤澤武夫
発行者　西村孝文
発行所　株式会社白馬社
〒612－8469　京都市伏見区中島河原田町28－106
電話 075(611)7855　FAX 075(603)6752
URL http://www.hakubasha.co.jp
E-mail info@hakubasha.co.jp
印刷所　為国印刷株式会社

ISBN978-4-938651-99-2 C0095